# Deutsche Vorträge Hamburgischer Professoren

8.

Sten Konow

## Die indische Frage

13. November 1914

Hamburg
L. Friederichsen & Co.
(Dr. L. u. R. Friederichsen)
1914

Preis 50 Pfennig

Der Reinertrag ist für die Hamburgische Kriegshilfe bestimmt

Der gewaltige Kampf, den wir seit einem Vierteljahre führen, hat die Art und Weise und den Inhalt unseres Denkens und Fühlens vielfach geändert. Allgemeine Probleme und Gedanken, mit denen wir uns beschäftigten, für die wir arbeiteten, werden jetzt mit der augenblicklichen Lage in Verbindung gesetzt, und viele Ideale, an die wir glaubten und für die wir uns begeisterten, haben sich eben dadurch als falsch erwiesen. Die Rasseneinheit der Germanen, der Friede unter den Menschen, das allgemeine Völkerrecht, und anderes mehr, — wer denkt heute noch daran? Und andererseits, Fragen, welche früher nur wenige Leute interessierten, drängen sich in den Vordergrund, weil sie die heutige Situation beeinflussen. Was im fernsten Ostasien vor sich geht, die Beratungen der Leiter der muhammedanischen Welt, Bewegungen und Stimmungen in den entlegensten Gegenden der Welt, gewinnen für uns eine ungeahnte Bedeutung. Und so ist es nicht zu wundern, daß auch das ferne Indien, dessen Kultur und Angelegenheiten bis jetzt nur die wenigsten interessierten, heute immer wieder zum Gegenstand des allgemeinen Gesprächs wird, daß wir uns plötzlich vor einer indischen Frage gestellt sehen.

Wir wissen auch alle, worum es sich handelt. Einerseits stehen heute einheimische indische Truppen in Europa und kämpfen neben unseren anderen Feinden gegen uns. Andererseits lesen wir in den Zeitungen wiederholt von Unruhen, von Aufruhrbewegungen in Indien, und wir gewinnen bisweilen den Eindruck, daß die englische Herrschaft in Indien gefährdet sei, daß die indische Nation, wie die Völker Indiens bisweilen genannt werden, im Begriff sei, die englische Oberhoheit abzuschütteln. Diese beiden Tatsachen miteinander zu vereinigen, fällt uns allerdings schwer, und wir nehmen deshalb unsere Zuflucht zu der Annahme, daß das indische Heer nicht mehr loyal sei, und daß die Engländer es deshalb für klug gehalten haben, einen Teil desselben nach Europa zu entsenden.

Da nun Indien mit einem gewissen Recht als das Rückgrat des britischen Weltreichs bezeichnet worden ist, würde sein Verlust für England geradezu verhängnisvoll sein, und es begreift sich, daß die

Verhältnisse in Indien uns so stark interessieren. Um so wichtiger aber wird es, zu untersuchen, inwieweit wir den Zeitungsnachrichten über Unruhen in Indien trauen können. Wir wollen keine falschen Nachrichten. Wir können es uns leisten, der Wahrheit ruhig in die Augen zu blicken. Versuchen wir es deshalb, über die indische Frage zur Klarheit zu gelangen.

Daß in Indien eine nationale Gärung vorhanden ist, daß viele leitende Inder gegen die Fremdenherrschaft Stellung genommen haben, und daß vielfach eine feindliche Stimmung gegen England und alles was englisch ist, zutage tritt, ist nun unverkennbar. Jeder, der in Indien gewesen oder mit Indern zusammengekommen ist, wird bemerkt haben, mit welcher Zurückhaltung man ihn behandelte, solange er für einen Engländer gehalten wurde, und wie viel freundlicher und liebenswürdiger der Inder in dem Augenblick wurde, wo er erfuhr, daß das nicht der Fall sei. Von Zeit zu Zeit hören wir auch von ernsteren Vorfällen, von Verschwörungen gegen die englische Herrschaft, von politischem Mord, von wirklichen Empörungen, und bisweilen erfahren wir auch, daß die Engländer kräftige Maßregeln dagegen treffen. Etwas muß folglich in Indien los sein. Es ist aber sehr schwer, von Europa aus die Sachlage zu erfassen, und namentlich können wir nicht darüber ins Klare kommen, ob die Bewegung in allen Schichten der Bevölkerung Verbreitung gefunden hat, oder auf gewisse Kreise begrenzt geblieben ist.

Wer nun Indien kennt, wird wissen, daß von einer nationalen Erhebung des ganzen indischen Volkes gegen die Engländer nicht die Rede sein kann, und zwar aus vielen Gründen.

Erstens müssen wir bedenken, daß von den 315 Millionen, welche im Jahre 1911 Indien bevölkerten, volle 70 der britischen Herrschaft nicht direkt unterstehen, indem sie von einheimischen Fürsten mit ausgedehnter Machtbefugnis regiert werden. In diesen indischen Staaten könnte es sich denn nur um eine nationale Erhebung der Fürsten gegen die englische Oberhoheit handeln. Von einer solchen ist aber z. Z. nichts zu verspüren. Wohl kann man in einem Staate wie Baroda eine gewisse kühle Stimmung beobachten, und auch sonst fällt es einem bisweilen auf, daß den Loyalitätsversicherungen eines Maharadscha nicht ohne weiteres Glauben geschenkt wird, im großen und ganzen sind aber die indischen Fürsten unzweifelhaft loyal, und gerade jetzt haben sie, sofort nach Ausbruch des Krieges, ihre Truppen, soweit sie solche besitzen, und ihre Staatseinnahmen den Briten zur Verfügung gestellt. Und daß das der Fall ist, kann nicht wundernehmen.

Die indischen Fürsten wissen, daß ihre Stellung von den Engländern garantiert ist, und daß sie es der englischen Herrschaft verdanken, wenn sie nicht mehr zu fürchten brauchen, daß ein mächtigerer Nachbar über sie herfällt. Dazu kommt, daß sich die nationale Bewegung in Indien vielfach als eine allgemeine Agitation gegen die Autorität der Regierungsmacht gestaltet hat, und die indischen Fürsten fürchten, daß eine derartige Bewegung sich gegen sie selbst richten kann, was auch gelegentlich der Fall gewesen ist. Als im August 1909 Lord Minto, der damalige Vizekönig, die indischen Fürsten aufforderte, mit ihm zusammen zu erwägen, wie die Bewegung bekämpft werden könne, fanden seine Worte denn auch lebhaften Widerhall. Nur die Antwort des Fürsten von Baroda zeichnete sich durch eine gewisse Kühle aus.

Wir können somit von den indischen Staaten absehen. Aber auch in dem eigentlichen britischen Indien ist kein Boden für eine allgemeine Volkserhebung vorhanden. Es gibt eben vorläufig keine indische Nation, mit einheitlichem Charakter und einheitlichen Zielen. Indien ist nicht ein Land wie etwa Deutschland, sondern vielmehr ein eigener Erdteil, von den verschiedensten Stämmen und Rassen bevölkert, und der Unterschied zwischen den einzelnen Teilen des Landes ist mindestens so groß als z. B. zwischen Deutschland und Spanien. Es gibt keine gemeinsame Sprache, die im ganzen Lande verstanden wird, es müßte denn die englische sein, und es gibt keine gemeinsame Religion. Grade die religiösen Gegensätze müssen nun in Indien, trotz der großen religiösen Toleranz, sehr tiefgreifend sein, denn Religion und religiöse Rücksichten spielen in dem täglichen Leben des einzelnen eine überaus große Rolle.

Diese Gegensätze sind auch sehr bedeutend, und namentlich scheint die Kluft, welche die Muhammedaner von den übrigen Indern trennt, nicht überbrückbar zu sein. Hier handelt es sich nicht bloß um den Gegensatz zwischen zwei grundverschiedenen Glaubenslehren, sondern auch von Kulturgegensätzen. Die religiösen Vorstellungen der Hindus hängen auf das engste mit der alten arischen Zivilisation zusammen, während der Islam von außen her eingeführt worden ist. Wohl stammen die meisten indischen Muhammedaner von Indern ab, welche in Indien selbst die neue Religion angenommen haben. Sie repräsentieren aber, genau wie die Engländer, eine fremde Kultur, ein nichtindisches Element, und es ist von vornherein unwahrscheinlich, daß sie mit den Hindus zusammen an einer nationalen Erhebung gegen die Engländer teilnehmen würden. Das ist auch bis jetzt nicht der Fall gewesen, und kürzlich hat ja der leitende Muhammedaner in Indien, der Aga Khan, seiner Loyalität in besonders starken Worten Ausdruck gegeben. Indien werde, so sagte er, mit der größten Bereitwilligkeit 70 000 Soldaten zur Verfügung stellen, und wenn die nicht genügen sollten, 700 000, und falls noch mehr notwendig werden sollten, sieben Millionen. Weiter ist er glücklicherweise noch nicht gegangen. Wir können aufatmen.

Auf die Stellung der Muhammedaner in Indien werde ich aber später zurückkommen. Hier wollen wir bloß feststellen, daß sie an der eigentlichen nationalistischen Bewegung in Indien fast gar keinen Anteil gehabt haben. Etwa ein Fünftel der ganzen Bevölkerung, oder etwas mehr als 66 Millionen, fallen deshalb fort, von denen etwas mehr als 57 Millionen im britischen Indien leben.

Auch unter den übrigen 187 Millionen im britischen Indien gibt es große religiöse Gegensätze. So finden wir mehr als 10 Millionen Buddhisten, fast drei Millionen Christen und mehr als sieben Millionen Animisten. Wir können aber von diesen Gegensätzen absehen, denn sowohl die Buddhisten wie die Animisten, soweit bei ihnen überhaupt von Kultur die Rede sein kann, stehen unter dem Einflusse der arischen Zivilisation, und die Christen sind so wenig zahlreich, daß mit ihnen nicht gerechnet zu werden braucht.

Es wäre nun theoretisch denkbar, daß die nichtmuhammedanischen Inder im ganzen britischen Indien an einer nationalen Erhebung gegen die Engländer sich beteiligen würden. Praktisch aber ist das, so wie die Verhältnisse noch liegen, so gut wie ausgeschlossen. Schon die Sprachenverhältnisse stellen sich dem entgegen. Leute aus den verschiedenen Gegenden können sich mit einander nicht verständigen. Noch tiefer greift der Kastenunterschied. Das indische Volk zerfällt bekanntlich in eine große Zahl von Kasten, gegeneinander fest abgeschlossene Abteilungen, die nicht miteinander verkehren können, und unter denen sich ein Gefühl des Zusammenhanges schwerlich entwickeln könnte. Es handelt sich dabei nicht nur um eine wirtschaftliche und soziale Gliederung der Gesellschaft, sondern religiöse

Momente spielen auch hier mit, indem den verschiedenen Kasten ein verschiedener Grad von Reinheit zugeschrieben wird, und die untersten Kasten geradezu als unrein betrachtet werden, deren Berührung eine religiöse Besudelung mit sich führt. Namentlich in Südindien gibt es dann folgerichtig eine Reihe von Bestimmungen, die darauf Bezug nehmen, und welche die Entfernung festlegen, auf welcher ein Mitglied der unreinen Kasten besudelnd wirken kann. Es gibt z. B. Leute, die sich einem Brahmanen, einem Mitglied der obersten Kaste, nur bis zu einer Entfernung von 72 Schritten nähern dürfen, und man kann in den Gerichtshöfen beobachten, wie der hohe Richter die Zeugen durch Boten vernehmen lassen muß, weil er sich sonst religiöser Unreinheit aussetzen würde. Daß Leute, die sich gegenseitig so fern stehen, sich in einem gemeinschaftlichen Nationalitätsgefühl zusammenfinden sollten, ist fast undenkbar, und es ist auch in Indien nicht der Fall gewesen.

Überhaupt kommen die unteren Kasten bei der indischen Nationalistenbewegung nicht in Betracht. Seit den ältesten Zeiten hat sich ihre Lage, trotz des Wechsels der Dynastien und Herrscher fast gar nicht geändert. Etwas mehr oder etwas weniger mögen sie an Steuern zu zahlen gehabt haben, immer aber waren sie arm, und wem schließlich die Abgaben, die sie zu entrichten haben, zufallen, kümmert sie nicht. Die große Mehrzahl der Inder hat keine allgemeinen politischen Interessen. Ihr Gesichtskreis reicht nicht viel weiter als bis zur Grenze des Dorfes. Die Dorfgemeinde ist eine Einheit für sich, und um ihre Angelegenheiten konzentriert sich das Hauptinteresse der Dörfler. Mit der Außenwelt haben sie sehr wenig zu tun, und von ihr erfahren sie auch nicht viel. Natürlich liegt das zum großen Teil daran, daß sie des Schreibens und Lesens ganz unkundig sind. Bei der letzten Volkszählung wurde unter anderem untersucht, wie viele Inder es so weit gebracht hatten, daß sie einen Brief an einen Freund schreiben oder einen solchen lesen konnten. In dem britischen Indien waren von je tausend männlichen Individuen 113 und von je tausend weiblichen 11 imstande dies zu tun. Es ist klar, daß unter solchen Umständen eine wirkliche Volksbewegung nicht zustande kommen kann. Die großen Massen würden zwar von den Mitgliedern der oberen Kasten für eine Zeit aufgehetzt werden können. So wie die Verhältnisse noch heute liegen, würden sie aber weder ein Interesse noch ein genügendes Verständnis haben, um eine wirkliche Revolution durchführen zu können.

Es hat sich denn auch gezeigt, daß die Gärung in Indien auf die oberen Kasten beschränkt ist, und auch unter ihnen ist sie nicht allgemein. Sehr viele Mitglieder dieser Gesellschaftsschichten stehen ihr fern, und große Teile von Indien sind von ihr so gut wie unberührt. Es sind namentlich die Brahmanen und diejenigen, welche eine halb europäische Ausbildung haben, welche beteiligt sind, und die ganze Bewegung ist wesentlich lokal, von bestimmten Zentren ausgegangen, von denen sie sich über größere oder kleinere, aber doch immer begrenzte Gebiete verbreitet hat. In Betracht kommen namentlich der Dekhan, Bengalen, und das Pandschab. Vielfach hören wir auch von Unruhen an der indischen Nordwestgrenze, diese sind aber ganz anderer Art und haben mit der nationalistischen Bewegung im eigentlichen Indien nichts zu tun. Sie finden ihre Erklärung in dem Vorhandensein vieler halb unabhängiger Grenzstämme, die seit Jahrhunderten die Gewohnheit haben, räuberische Einfälle in Indien zu machen, Einfälle, welche ebensoviel oder sogar mehr gegen die Hindus als gegen die Engländer gerichtet sind, und sie werden außerdem auch durch Wühlereien seitens der Afghanen geschürt. Eine national-indische Erhebung gegen die englische Herrschaft liegt hier nicht vor, sondern vielmehr, soweit es sich nicht einfach um Räubereien handelt, eine Reaktion der Muselmane gegen andersgläubige, sie mögen Inder oder Europäer sein.

Die Gärung im eigentlichen Indien ist in Wirklichkeit nicht ganz neuen Datums. Sie ist vielmehr immer dagewesen. Erst in den letzten Jahrzehnten aber ist sie derart in den Vordergrund getreten, daß sie die allgemeine Aufmerksamkeit auf sich gelenkt hat. Ihre Gründe sind mannigfach, und es ist unmöglich in einer kurzen Stunde sie alle nachzuweisen. Wir müssen uns mit Andeutungen begnügen. Auch sind die Verhältnisse in den verschiedenen Gegenden verschieden.

Ein Hauptzentrum der Bewegung ist immer der Dekhan gewesen. Das ist auch ganz natürlich, denn dort ist noch die Erinnerung lebendig an die Zeiten, als die Marathen eine Großmacht waren, die den Engländern den Rang streitig machten. Namentlich die Brahmanen, welche von altersher die Leiter der indischen Politik waren, haben nie vergessen können, daß sie von den Engländern aus ihrer Machtstellung verdrängt worden sind.

Zu der Kaste der Brahmanen gehört Bal Gangadhar Tilak, der lange eine leitende Stellung unter den Nationalisten einnahm, und der der beste Organisator der Bewegung war. Die allgemeine Unzufriedenheit, die unter seinen Kastengenossen vielfach zutage getreten war, gestaltete sich in ihm zu einer lebhaften Opposition gegen das Übergewicht, das England auf mancherlei Weise in dem wirtschaftlichen und Geistesleben Indiens gewonnen hatte. Viele leitende Inder hatten eine europäische Ausbildung genossen und europäische Ideen sich angeeignet und strebten darnach, die Verhältnisse im Heimatslande in vielen Beziehungen nach europäischen Vorbildern umzugestalten. Ganz anders war die Stellung Tilaks. Über die Kultur Europas war er ebenso gut unterrichtet wie andere gebildete Inder, von ihrer Überlegenheit war er aber nicht überzeugt. Nichts lag ihm ferner als die Ansicht Macaulays, daß die europäische Wissenschaft in jeder Beziehung vor der indischen den Vorzug verdiene, und daß die englische Sprache den indischen durchaus überlegen sei, eine Ansicht, die für das indische Erziehungswesen unter britischer Herrschaft lange Jahre hindurch bestimmend blieb. Tilak selbst war mit Recht auf die Errungenschaften der nationalen indischen Kultur stolz und von den großen Vorzügen des Sanskrit und der anderen indischen Kultursprachen überzeugt. Mit aufrichtigem Kummer sah er, wie das Englische immer mehr die alten Sprachen verdrängt. Ernste Sorge und tiefgewurzelter Unmut klang aus seiner Stimme hervor, als er vor einigen Jahren mir gegenüber bemerkte, daß die Söhne der alten Sanskritgelehrten heut auf den vordersten Sitzen in den englischen Schulen Platz genommen. Er war der Ansicht, daß fremde Eroberer in einem alten Kulturlande, dessen Kultur viel älter, und seiner Ansicht nach viel wertvoller als die der Eroberer sei, nicht das Recht haben über diese Kultur hinwegzuschreiten. Und in seinem Herzen hat er gewiß auch gemeint, daß eine allmähliche Anpassung der europäischen Kultur in Indien es nach und nach unmöglich machen werde, die alten Kulturwerte festzuhalten und namentlich einmal ein indisches Indien zu erzielen. Und von einem solchen hat er immer geträumt. Schon seine Traditionen als Brahmane des Dekhans mußten ihn dazu führen. Und dazu kommt, daß wohl kein gebildeter Mensch die europäischen Ideen von den Menschenrechten und von dem Nationalismus sich aneignen kann, ohne auf die Verhältnisse im Heimatlande Schlüsse zu ziehen.

Für seine Ansichten trat nun Tilak mit der größten Entschlossenheit ein. Als Redner und durch die Presse und namentlich durch den Einfluß seiner Persönlichkeit wirkte er, unermüdet und ohne Furcht. Er verband sich mit dem indischen Traditionalismus. Alte Gebräuche wurden wieder belebt, und die einheimische Religion wurde seinen Zwecken dienstbar gemacht. Namentlich an die Jugend wendete er sich. Vereine wurden begründet, für die körperliche Ausbildung der Jungen wurde gesorgt, und auf jede Weise wurde es ihnen beigebracht, daß die Sache, für die sie eintraten, heilig sei, und, daß ihr alles geopfert werden müsse.

Man hat Tilak mit Recht vorgeworfen, daß er vor zweifelhaften Mitteln nicht zurückscheute, daß er sogar das Werfen von Bomben gegen die Engländer billigte. Wenn man aber das tut, wie kann man dann das Auftreten französischer und belgischer Franktireure verteidigen, weil sie für das Vaterland kämpfen?

Tilaks Tätigkeit trug bald Früchte, und er fand Nachahmer, namentlich außerhalb des Dekhans, in Bengalen und im Pandschab. In Bengalen war der Boden wohl vorbereitet. Die Teilung der Provinz, wodurch der östliche Teil dem Einflusse der Hindus vielfach entzogen worden war, hatte die Gemüter erregt. Und nirgends mehr als in Bengalen finden wir das halb europäisch ausgebildete Proletariat, das mit großen Schwierigkeiten sich eine höhere Ausbildung erworben, das aber keinen entsprechenden Lebensberuf hat finden können. Die jungen Leute, welche europäische Gedanken vom Staate und vom Rechte der Nationen sich halb roh angeeignet hatten, waren für die Predigt der neuen Schule nur zu empfänglich. Und Begeisterung, Hingabe an die heilige Sache des Vaterlandes und der nationalen Religion drang in ihre Herzen ein. Wir wollen hier nicht untersuchen, inwieweit sie klug oder in jeder Beziehung richtig handelten. Sicher ist bloß, daß ihre Worte und ihre Taten von einer inneren Glut zeugen, die uns trotz allem sympathisch anmutet. Das Resultat war unter anderem, daß englische Waren boykottiert wurden, und überall waren die Schlagwörter Svadesi, Bevorzugung der einheimischen Produktion mit größtmöglichem Ausschluß des Fremden, und Svaradsch, Unabhängigkeit, wobei sich die Moderaten Selbstverwaltung nach Art der englischen Kolonien vorstellten, während die radikalen an eine Abschüttelung des Fremdenjoches dachten.

Auch ernstere Folgen der Bewegung stellten sich ein. Junge Leute aus guten Familien fingen an Räubereien zu veranstalten, um Geld für die heilige Sache zu beschaffen. Und junge Bengalen, eine Rasse die sonst in Indien wegen ihrer Feigheit verschrieen ist, ließen sich auf Bombenattentate ein, und als über sie die Todesstrafe verhängt wurde, begegneten sie dem Tode mit einem Lächeln. Wir können solche Erscheinungen nur mit Entrüstung betrachten. Sie zeigen aber, wie tiefe Wurzeln die Bewegung in Bengalen gefaßt hatte.

Noch früher als in Bengalen kamen die Folgen der Agitation im Pandschab an den Tag. Die Unruhen in Rawal Pindi im Jahre 1907 waren es eigentlich, welche die Aufmerksamkeit der englischen Autoritäten auf die indische Bewegung hinlenkten. Auch hier war das Schlagwort Indien für die Inder, oder vielmehr das Arierland für die Arier, denn das Ideal war die alte indische Kultur wiederzubeleben. Ein Verein, der Arya Samadsch, trat hier an die Spitze, und seine Leiter lehrten mit begeisterter Überzeugung, daß die altindische Zivilisation dem indischen Volke ein goldenes Zeitalter gewesen sei, und daß alles Unheil der Jetztzeit von den Fremden herrühre. Schulen nach altindischer Art wurden errichtet, um Jünglinge auszubilden, welche das arische Evangelium im Lande verkünden sollten. Erst in diesem Jahre werden die ersten fertig sein, um hinauszuziehen. Was das Resultat sein wird, bleibt abzuwarten. Sicher aber wird es merkbar werden. Im Pandschab wurde auch der Versuch gemacht revolutionäre Ideen in die Armee einzuschmuggeln, anscheinend aber ohne großen Erfolg.

Ich habe schon angedeutet, daß die Verbreitung europäischer Ideen in Indien an dem Erfolg der Bewegung einen bedeutenden Anteil hat. Und das konnte nicht anders sein. Sobald die Inder aufhörten, die Berechtigung der Herrscher zur Regierungsmacht einfach als etwas Gegebenes hinzunehmen, und die Stellung der Engländer im Lande nach den aus Europa importierten Grundsätzen zu beurteilen, mußten sie auf allerlei aufmerksam werden, was zu denken gab.

Das englische Reich in Indien wurde bekanntlich ursprünglich von einer privaten Handelsgesellschaft mit der ausgesprochenen Absicht begründet, möglichst viel Geld dabei zu verdienen. Es ist denn natürlich, daß nach und nach alles mögliche getan worden ist, um dem Lande materiell aufzuhelfen, denn nur so konnte man auf einen stets zunehmenden Gewinn hoffen. Die Kommunikationen wurden ausgebessert, die Landwirtschaft wurde auf jede Weise befördert, und auch für die Entwickelung der Industrie wurde gesorgt, allerdings gewöhnlich nur insofern, als die Interessen der englischen Industrie nicht litten. Auch für die geistige Entwickelung des Volkes ist, namentlich seitdem die britische Krone die Verantwortung für die Regierung des Landes übernahm, viel getan worden, verhältnismäßig aber viel weniger als für die Ausnutzung der materiellen Hilfsmittel. Die indischen Beamten in Indien haben überhaupt eine bewunderungswerte Arbeit geleistet, und zu ihrem Ruhme sei es gesagt, daß sie gewöhnlich, soweit es zu ihnen steht, für die Interessen Indiens eintreten. Eine Bureaukratie hat aber immer eine Tendenz gegen Traditionalismus. Und auch die Beamten in Indien in neuerer Zeit haben ganz natürlich die Neigung ererbt, in erster Linie die materielle Entwickelung des Landes als die vom englischen Standpunkte wichtigste zu berücksichtigen. Höhere, geistige Interessen kommen erst in zweiter Reihe. Und namentlich unter den gebildeten Indern, bei denen das Geistesleben immer, jedenfalls theoretisch, eine hervorragende Rolle gespielt hat, muß das befremden.

Dazu kommt, daß die englischen Beamten in Indien eben nur Beamte sind, und schließlich tun müssen, wie ihnen aus London befohlen wird. Auch unter ihnen hört man oft Klagen darüber, daß britische Staatsinteressen in der Zollpolitik, in der Finanzpolitik, usw. vielfach vor den indischen berücksichtigt werden. So ist es z. B. gekommen, daß Indien, eins der wichtigsten Produktionsländer für Baumwolle alljährlich für fast 6 Milliarden Mark Baumwollwaren importiert, daß die alte indische Handindustrie immer mehr zerfällt, während das Land mit europäischen Industrieprodukten überflutet wird, und anderes mehr. Hierher gehört auch die Verwendung von indischen Truppen in britischen Kriegen in solchen Fällen, wo Indien kein Interesse an dem Kriege hat, eine Verwendung, die von den englischen Beamten in Indien vielfach gerügt wird.

Wenn Engländer in Indien so urteilen, kann es nicht wundernehmen, wenn denkende Inder ein noch schärferes Urteil fällen und wenn dies zur Steigerung der Unzufriedenheit beiträgt. Der englischen Verwaltung aus diesem Grunde Vorwürfe zu machen, wäre aber ungerecht. Es ist immer schwer, sich von einem traditionellen System zu befreien, und die traditionelle Politik in Indien zielte von Anfang an lediglich auf kommerziellen Vorteil ab.

Noch mehr Veranlassung zur Unzufriedenheit fanden die Inder, als sie anfingen, über ihre persönliche Stellung zu den Engländern nachzudenken.

In ihrer Proklamation an das indische Volk nach der Übernahme der Regierung seitens der britischen Krone, am 1. November 1858, hatte Königin Viktoria erklärt, daß die Stellung der Inder fortan dieselbe sein sollte, wie die der anderen Untertanen, und daß sie dieselben Rechte haben sollten. Die Inder finden nicht, daß dies Versprechen erfüllt worden ist. Sie behaupten, daß sie nicht in genügender Ausdehnung zu den höheren Ämtern zugelassen werden, sie beschweren sich darüber, daß sie von den Engländern nicht als ebenbürtige Angehörige desselben Staates behandelt werden, und namentlich haben sie die Behandlung, die Indern in den britischen Kolonien zu teil wird, als einen Bruch der Treue, als eine schwere Beleidigung empfunden. Das Verhalten namentlich der höheren Beamten in Indien selbst den Indern gegenüber ist durchgehend korrekt, und es ist mir wiederholt von gebildeten Indern versichert worden, daß je höher der Engländer gestellt ist, desto weniger finden sie in dieser Beziehung Grund sich zu beklagen. Es sind aber in Indien auch minderwertige Engländer, die sich ihrer Verantwortlichkeit nicht bewußt sind und die Inder mit hochmütiger Verachtung behandeln. Die Inder schweigen dazu, vergessen es aber nie, und es ist ganz natürlich, daß die Stimmung den Engländern gegenüber dadurch stark beeinflußt worden ist.

Es ist somit sicher, daß in Indien eine ziemlich verbreitete Unzufriedenheit herrscht, und wir wissen alle, daß sie sich bisweilen in revolutionären Handlungen bekundet hat. Es ist auch allgemein bekannt, daß die Engländer sich vor einigen Jahren veranlaßt sahen, kräftiger als früher gegen die Bewegung aufzutreten. Tilak und andere Führer wurden deportiert, und strenge Gesetze wurden erlassen, wodurch die Freiheit der Presse eingeschränkt wurde. Es wurde sofort ruhiger. Und noch mehr wirkten die Reformen, wodurch die Inder einen gewissen Anteil an der Regierung erhielten. Es hat denn auch den Anschein, als ob die Bewegung in den letzten Jahren etwas nachgelassen hat. Daß aber die Gärung noch da ist, wird jeder wissen, der die indischen Zeitungen, selbst die regierungsfreundlichen liest. Berichte von Verschwörungen und von Räubereien, die deutlich mit der Bewegung zusammenhängen, kehren immer wieder, und was noch wichtiger ist, die Muhammedaner scheinen jetzt anzufangen, unruhig zu werden.

Ihre Gründe sind wesentlich von denen der Hindus verschieden. Sie sind ja auch nicht Arier, und würden in einem Arierland, wo die Arier herrschend waren, was ja im Pandschab das eingestandene Ziel der Bewegung ist, keinen Platz finden. Deshalb fürchten sie auch daß gerade die neuen Reformen ihre Stellung in Indien wesentlich schwächen werden, indem die an Zahl überlegenen Hindus leicht ein zu großes Übergewicht gewinnen mögen. Die englische Herrschaft ist für die Muhammedaner eine Garantie, daß ihre Rechte gewahrt werden sollen. Wenn sie aber trotzdem in ihrer traditionellen Loyalität schwankend zu werden anfangen, so kommt das namentlich daher, daß sie jetzt anfangen von der Unruhe, die in der islamischen Welt überall zu beobachten ist, mitangesteckt zu werden. Im Kriege der Italiener gegen die Türkei und im Balkankriege ist England nicht für die Interessen des Sultans eingetreten, und der türkische Sultan ist für die Muhammedaner Indiens der Chalife, für den im Freitagsgebet von allen gebetet wird. Auch in Persien ist Englands Haltung für die Muhammedaner nicht befriedigend gewesen. Die Stellungnahme der Türkei in dem jetzigen Kriege wird ferner mächtig zur Steigerung der Gärung unter den Muslimen Indiens beitragen, und diese Gärung wird die Lage der Engländer in Indien noch schwieriger machen, als sie früher war. Sie haben jetzt mit zwei Bewegungen zu tun, die sich beide gegen sie richten, und falls sich sich vereinigen sollten, würde die Lage recht unsicher werden.

Es ist aber ganz unwahrscheinlich, daß sie das tun werden. Die Muhammedaner in Indien wissen, daß sie viel mehr von den Hindus als von den Engländern zu fürchten haben, und es ist wenig wahrscheinlich, daß sie mit den Hindus gemeinschaftliche Sache machen würden, falls sie nicht stark genug wären, es später mit ihnen aufzunehmen. Und das könnten sie nur werden, wenn sich die Afghanen oder Türken ihnen anschlössen. Dann aber würden die Hindus ihrerseits schwerlich mitgehen. Denn für die sind doch die Muslime M l e t s ch a s, Barbaren, die ebenso wenig ein Recht haben im Arierland zu herrschen wie die Engländer. Die Interessen der Hindus und der Muhammedaner sind zu verschieden, und sie mißtrauen einander zu sehr, so daß eine gemeinschaftliche Erhebung gegen die Engländer wohl als ausgeschlossen angesehen werden kann.

Auch von einer anderen Seite wurde kürzlich von einer dem britischen Indien drohenden Gefahr gemeldet. Die Chinesen sollten einen Einfall aus Tibet vorbereiten. Das ist aber sicher nicht richtig. Die Chinesen haben in Tibet genug zu tun, um ihre Stellung überhaupt zu halten, und die Wege, welche von Tibet nach Indien führen, sind für größere Expeditionen nicht geeignet, und sie werden während des Winters nicht fahrbar sein.

Wenn wir nun die ganze Sachlage überblicken, so wird es klar, daß wir alle Ursache haben, die Entwickelung der Verhältnisse mit Aufmerksamkeit zu verfolgen. Eine weitverbreitete Gärung ist zweifelsohne vorhanden, und sie wird im Laufe der Zeit lichterloh aufflammen können. Aus den Kämpfen zwischen Griechenland und der Türkei, Italien und Abessinien, und Japan und Rußland, hat man in Asien den Schluß gezogen, daß die Europäer nicht unbesiegbar sind, und der jetzige Krieg hat gezeigt und wird zeigen, daß die Engländer keine Ausnahme bilden. Vorläufig aber handelt es sich wesentlich nur um einen tiefen Unterstrom, oder vielmehr um verschiedene, noch nicht vereinte Strömungen, und die Zeitungsberichte von Unruhen in Indien, die wir jetzt so häufig lesen, sind gewiß unrichtig. Noch ist die Stellung der Engländer in Indien viel zu stark, und von einer allgemeinen Erhebung des Volkes können wir noch nicht reden. Die Mehrzahl der meinungsberechtigten Inder weiß, daß sie noch nicht auf eigenen Füßen stehen können und ist auch der Ansicht, daß die Verbindung mit England vorläufig nützlich, ja notwendig sei. Die Inder haben sich noch lange nicht zu einer Nation entwickelt und sind sich bewußt, daß sie nicht über genügend Streitkräfte verfügen können. Die indische Armee zählt zwar ungefähr 160000, oder wenn wir die Truppen der indischen Fürsten mitrechnen, gegen 180000 Mann. Sehr wenige höhere Offiziere aber sind Inder, und es gibt fast gar keine indische Artillerie. Auch haben die Engländer mit kluger Berechnung dafür gesorgt, daß sich die indische Armee nicht als eine Einheit fühlen kann. Die größeren Heeresabteilungen sind nicht gleichartig, sondern werden aus Unterabteilungen zusammengesetzt, welche aus verschiedenen Rassen und Kasten rekrutiert werden und deshalb nicht miteinander verkehren können. Eine solche Armee kann nur von fremden Offizieren, welche außerhalb der Kasten und Rassen stehen, wirklich nutzbar gemacht werden. Dazu kommt dann weiter, daß sich die nationale Gärung noch nicht zu der Armee verpflanzt hat.

Die Inder befürchten deshalb, daß eine Abschüttelung der englischen Herrschaft nur dazu führen würde, irgend eine andere fremde Macht an ihre Stelle treten zu sehen.

Im Nordwesten sind die kriegerischen Afghanen und auch die Russen eine drohende Gefahr für ein nationales Indien. Und über das Meer haben die Japaner vielleicht ihre Augen schon auf Indien gerichtet. Der Handelsverkehr Japans mit Indien hat, seit dem Anfang des Krieges, angeblich schon mit 100 % zugenommen, und die Japaner weichen ungern zurück, wo sie einmal festen Fuß gefaßt haben. Wohl sind Japan und Rußland jetzt die Freunde und Verbündeten Englands. Die Inder sind aber klug genug, um zu wissen, daß einer solchen Freundschaft nicht zu trauen ist. Und sie erinnern sehr wohl, daß Rußland lange den Wunsch gehegt hat, sich in Indien festzusetzen. Schon die traditionelle Furcht der Briten vor einem russischen Einfall in Indien, muß sie darüber belehrt haben. Auf die Dauer würde denn doch, vom indischen Standpunkte aus, die englische Herrschaft einer russischen oder japanischen vorzuziehen sein.

Die Erkenntnis ihrer eigenen Schwäche und der noch überaus starken Stellung der Engländer, hat gewiß dazu beigetragen, daß die Gärung in Indien zur Zeit etwas weniger zutage tritt. Auch hat der jetzige Vizekönig Lord Hardinge es verstanden, sich sehr beliebt zu machen, namentlich seitdem er für die Rechte der Inder in Südafrika kräftig eintrat. Und das persönliche Element spielt in Indien eine überaus große Rolle. So kommen denn jetzt von allen Seiten Loyalitätskundgebungen herbei, und selbst der schon genannte Tilak, der soeben aus der Landflüchtigkeit zurückgekehrt ist, hat seine Landsleute aufgefordert, die Engländer zu stützen. Allerdings läßt die leitende angloindische Zeitung der Allahabader „Pioneer" seine warnende Stimme hören: man könne sich nicht einfach darauf verlassen, daß die Loyalitätskundgebungen der wirklichen Stimmung im Volke entsprechen. Die Regierung hat aber geglaubt, ihnen trauen zu können und hat sich entschlossen, englische Truppen aus Indien zu entfernen und indische Soldaten nach Europa zu entsenden. Ja sie hofft sogar, dadurch ihre Stellung in Indien stärker machen zu können, indem sie glaubt, daß die Gemeinsamkeit im Kampfe Inder und Engländer einander näher bringen werde. Auch hat man es nicht versäumt, den Indern zu bedeuten, daß man ihrer jetzigen Stellungnahme später eingedenk sein werde.

Vielleicht haben sich aber die Engländer verrechnet. Die Gärung in Indien ist zu stark geworden, um so beseitigt zu werden. Und die Entsendung von indischen Truppen kann für die Engländer nicht ganz unbedenklich sein. Es liegt für die Inder zu nahe, zu glauben, daß die indischen Truppen nicht nach Europa gehen, um dadurch geehrt zu werden, sondern weil die Engländer ohne sie nicht auskommen können. Und dies muß zu einer Schwächung des Ansehens der Engländer in Indien führen, was unabsehbare Folgen haben kann. Dadurch wird auch das Ansehen der Europäer überhaupt leiden, und die Nation, die seine Feinde als Hunnen und Vandalen bezeichnet, und sich selbst für den Hauptverteidiger der menschlichen Kultur hält, hätte das erwägen sollen.

Es war bis jetzt ein Grundsatz der europäischen Kolonialpolitik in Asien und Afrika, daß das Prestige der weißen Rassen nicht gefährdet werden dürfe. Als die Engländer sich des Landes der Buren bemächtigten, wurde es denn auch folgerichtig in den Zeitungen gelehrt, daß indische Truppen nicht verwendet werden dürften, weil der Krieg ein Krieg zwischen weißen Rassen sei. Jetzt ist diese Lehre vergessen worden, und der englische Staatssekretär für Indien erklärt, daß er stolz sei, daß Inder neben den Briten am Kampf teilnehmen. Und grade die Rücksicht auf die Stimmung in Indien sei bei der Entsendung von indischen Truppen entscheidend gewesen. Denn für die alliierten Mächte sei die Hilfe der Inder nicht wesentlich.

In dieser letzten Betrachtung wird der englische Minister gewiß recht haben. Denn auch wir wissen, daß die indischen Truppen, welche nie an einem europäischen Krieg teilgenommen haben, auf die Entscheidung keinen wesentlichen Einfluß ausüben werden. Dazu ist schon ihre Zahl zu gering. Die Sache hat aber auch eine andere Seite, die die Engländer in ihrem eigenen Interesse hätten erwägen sollen. Ich setze den Fall, der mir nicht nur als möglich, sondern sogar als wahrscheinlich erscheint, daß die Inder mit den Engländern zusammen geschlagen werden. Was werden sie dann, wenn sie nach Indien zurückkehren, ihren Landsleuten erzählen? Werden sie noch den Glauben festhalten können, daß die Engländer das mächtigste Volk der Erde sind? Und welche Schlüsse werden die Nationalisten ziehen? Schon jetzt tauchen sonderbare Gerüchte in Indien auf, und man erzählt sich in den Bazars, daß Gurkhas und Sikhen nach Europa gesandt sind, weil die englischen Truppen nicht mehr im stande sind England zu verteidigen. Wie wird man in Indien urteilen, falls die Niederlage der Verbündeten Tatsache wird?

Wir wollen derartige Fragen hier bloß aufwerfen. Ihre Beantwortung überlassen wir dem Volke, das für gut befunden hat, das Ansehen der Europäer in Asien zu gefährden, asiatische Truppen an einem europäischen Kriege teilnehmen zu lassen.